MA VISITE
A FROSHDORF

AUX COMPAGNONS ET ASPIRANTS
DU TOUR DE FRANCE

PAR

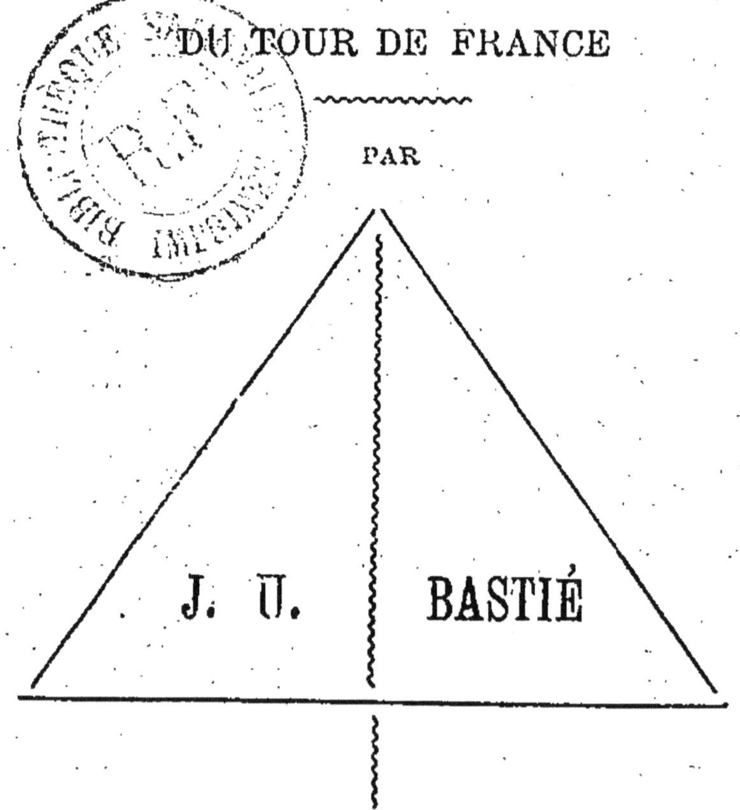

PARIS

IMPRIMERIE BREVETÉE TURFIN ET AD. JUVET
9, Cour des Miracles, 9

MA VISITE

A FROSHDORF

AUX COMPAGNONS ET ASPIRANTS

DU TOUR DE FRANCE

PAR

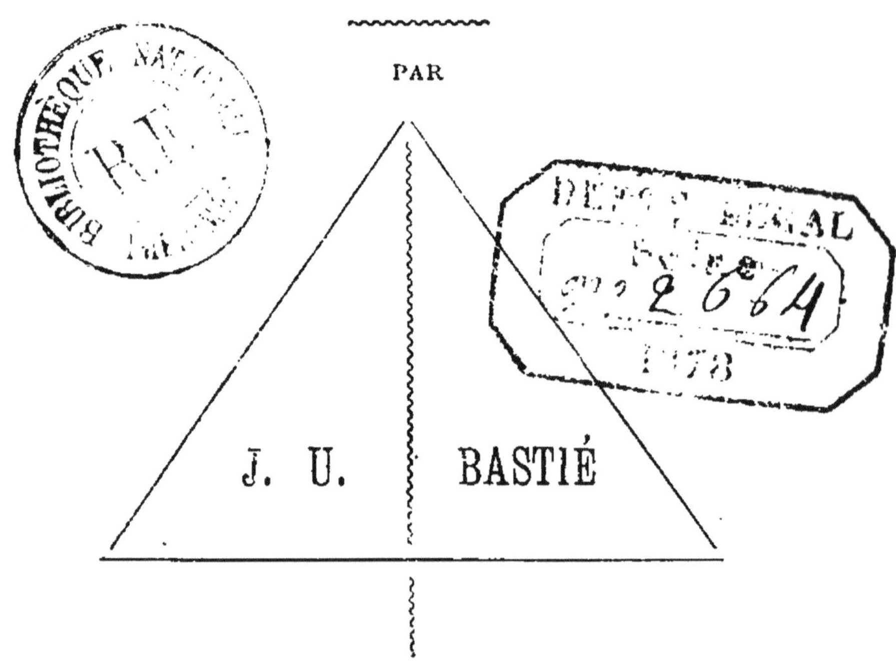

PARIS

IMPRIMERIE BREVETÉE TURFIN ET AD. JUVET

9, Cour des Miracles, 9

MA VISITE A FROSHDORF

AUX COMPAGNONS ET ASPIRANTS

DU TOUR DE FRANCE

I

Mes très-chers camarades, compagnons et aspirants du tour de France, c'est pour vous que j'écris ces lignes.

Vous me connaissez, pour la plupart, depuis trente ans, et vous savez tous que je n'ai jamais failli à mon devoir, toutes les fois qu'il s'est agi de défendre les intérêts de notre Société.

Vous n'ignorez pas non plus, que le 15 septembre dernier, je fus chargé par nos cama-

rades d'une mission aussi délicate que difficile.

C'est la main sur la conscience, et dans la
plus parfaite sincérité de mon âme, que je
viens vous faire connaître le résultat de cette
mission.

Le but, en me la confiant, était de savoir
si la classe ouvrière de France se trouvait
fatalement condamnée à tourner dans le cer-
cle vicieux, dans lequel elle se meut depuis
1830, servant toujours de marche-pied aux
ambitieux de toute sorte, à ces hommes qui
ne cessent de nous flatter, dès qu'ils ont besoin de nous, qui nous abandonnent dès
qu'ils sont parvenus au pouvoir, et nous
laissent dans la misère, à chaque morte sai-
son, suite inévitable de chaque révolution.

Or, s'il nous est arrivé parfois de nous
adresser pacifiquement à ces hommes, aux-
quels nous avions naïvement confié nos destinées, de leur rappeler leurs promesses,

nous n'avons jamais reçu pour réponse qu'une menace de prison ou des coups de fusil.

Il s'agissait donc de trouver un homme honnête, qui comprît nos besoins et répondît mieux à nos aspirations.

C'était difficile, pour ne pas dire introuvable. Aussi ai-je failli reculer devant l'entreprise et déclarer trop lourde la responsabilité qui m'accablait.

Cependant le résultat a dépassé de beaucoup mes espérances. Je ne crains pas de dire que *cet homme existe, que je l'ai trouvé,* — Vous le connaissez. Je n'ai pas besoin de vous le nommer.

II

Fidèle à ma mission, je suis parti pour Vienne. Après avoir tâté de tout, c'était bien là qu'il fallait aller.

J'étais accompagné d'un de nos camarades, car je voulais qu'il y eut un témoin de mes paroles et de ce qui allait se passer.

Après avoir quitté Paris le jeudi 21 septembre, à huit heures du matin, nous arrivâmes le lendemain, vers onze heures, dans la capitale de l'Autriche. Peu de temps après, et sans prendre rien de plus qu'une tasse de café, nous roulions sur le chemin de fer Sud, nous dirigeant vers Neustadt.

A deux heures, nous descendions du train et bientôt nous montions dans une bonne voiture de place qui nous attendait pour nous conduire à Froshdorf. — Le cocher nous mena grand train les chevaux (deux bons postiers hongrois), ne firent qu'un temps de trot ; bref, en moins d'une heure et demie, nous fûmes au pied du perron de Froshdorf.

Nous fûmes reçus par M. le comte de B..., un habitué du château, l'homme le plus poli et le plus courtois que j'aie jamais rencontré dans mon tour de France. Il nous conduisit aussitôt dans une vaste pièce du rez-de-chaussée toute pleine de portraits de famille, fort semblable à une salle de musée et dont les fenêtres donnaient sur de magnifiques jardins.

Au bout de vingt minutes que nous employâmes à admirer les peintures et à jouir de la vue du parc, le comte de B... nous pria de le suivre, et après avoir traversé trois ou quatre pièces nous arrivâmes au salon.

A cet instant s'ouvrit une large porte à deux battants, et nous nous trouvâmes en face de Monsieur le Comte de Chambord.

Le Prince, debout, nous attendait.

Vous connaissez mon énergie, mes chers camarades : eh bien, il me serait impossible de vous définir l'effet que produisirent sur moi cette noble tête, ce front découvert, cet œil ouvert et franc, ce sourire si gracieux, cette parole si bienveillante, si sonore et si grave.

Il y eut là une scène que je n'oublierai jamais et qui me laissa très-impressionné.

Le prince s'aperçut de mon émotion et s'empressa de la dissiper. Puis, après nous avoir fait asseoir dans les fauteuils qu'il nous désigna, il nous parla de la France avec intérêt, je dirais presque avec passion.

Alors je me sentis à l'aise et maître de moi-même, et je commençai à parler du but de notre visite. — Je fis un tableau exact de la triste situation de la classe ouvrière en France et du petit commerce. Je dis que tous les malheurs venaient des événements politiques, des changements perpétuels et que la France payait cher la confiance qu'elle avait accordée à des ambitieux et à des intrigants.

Je passai ensuite à la guerre de 1870, et à chaque mot sur la France, sur ses blessures toujours saignantes, je voyais ce vrai cœur de Roi et de père gagné par l'émotion et tout attendri par les malheurs de la Patrie.

Ah! si le peuple entier pouvait le voir et l'entendre, comme il aurait bientôt fait justice de toutes les calomnies répandues par des Français indignes de ce nom.

Voilà, mes chers camarades, une partie de la vérité, sur ce Prince, dont la grandeur d'âme n'a pas de limites : il aime le peuple et ne rêve que de le rendre heureux. — De plus, il sait ce qui se passe ici : il connaît la question ouvrière et ne la traite pas en *opportuniste*.

Mais ce n'est pas tout : j'ai été hardi et j'ai voulu remplir ma mission jusqu'au bout. Lorsqu'en effet j'ai déclaré que des individus sans vergogne ne craignaient pas d'annoncer que si la France rappelait le comte de Chambord sur le trône de ses pères, son premier soin serait de restaurer les vieux abus, tels

que la dîme, la corvée, les billets de confession.
Oh! alors j'ai vu la rougeur de l'indignation
monter au front du Prince et sa réponse
textuelle a été celle-ci : « Il serait indigne
« de moi de ne pas protester contre de telles
« absurdités : les propagateurs de si ridicules
« inventions savent bien qu'ils mentent ; ils
« n'ont d'autre but que de surprendre la
» bonne foi et de me défigurer. — Dites donc
« de ma part à vos camarades de France
« que je n'ai jamais songé à de semblables
« folies : autant vaudrait entreprendre de
« faire remonter les fleuves vers leurs sour-
« ces ; ce serait manquer de raison que de
« chercher dans les mœurs et les usages du
« passé les règles de la société moderne. »
Il ajouta, que s'il était appelé à présider aux
destinées de notre chère patrie, il s'empres-
serait, au contraire, de s'entourer des hommes les plus capables, les plus éclairés, les
plus vertueux, que son but unique serait

de faire oublier à la nation tout entière les maux dont elle a tant souffert, que jamais, en un mot, il ne serait le roi d'un parti.

« J'étais prêt, il y a quatre ans, nous dit-
« il, à prendre en main la fortune de la
« France. — Quoi qu'on puisse dire, je suis
« toujours prêt. — Je viendrai, quand on
« m'appellera, — Mon droit et mon devoir
« sont inséparables. »

Voilà, chers camarades, les graves pensées que j'ai recueillies de la bouche même du comte de Chambord et les enseignements que je vous rapporte. — Peut-il se concevoir que cet homme, si pénétré des nécessités de notre temps, soit encore représenté comme un ennemi juré de la science et du progrès ? Mais tout s'explique par l'intérêt, et l'intérêt des gouvernants a depuis longtemps cessé d'être le nôtre.

L'entretien durait depuis trois quarts d'heure, et le Prince, après nous avoir écoutés, après nous avoir édifiés ne cessait de nous interroger sur la situation ouvrière : c'était plaisir que de lui répondre, de lui parler à cœur ouvert et de voir tout ce qu'il savait.

Cependant le moment de nous retirer était arrivé ; le comte de Chambord se leva. Nous allions prendre congé de lui, lorsque le camarade Z... fut amené à dire qu'enfant de l'Alsace, il avait vu, avec une grande douleur, la terre natale cesser d'être française. Une larme passa dans ses yeux ; elle eut une telle puissance sur l'âme du Prince qu'il se prit à le consoler, à lui parler d'espérance : « C'étaient mes ancêtres, nous dit-il, qui « avaient fait la France : ce sont les autres « qui ont reculé ses frontières. »

Le dernier adieu fut des plus touchants ; le Prince nous prit les mains avec effusion et tout en lui semblait dire : « *Allez mainte-* « *nant, et dites à tous les vôtres combien je* « *les aime.* »

Peu d'instants après une abondante collation nous fut servie, puis nous reprîmes la route de Vienne et bientôt celle de France : nous partions ravis et pleins de souvenirs.

III

Pour conclure, j'aime à vous dire que je suis revenu convaincu. Vous le serez comme moi quand vous aurez médité ces lignes, où la vérité est simple et entière. Vous comprendrez qu'il est temps de rompre, d'une manière définitive, avec *ces démolisseurs et restaurateurs de gouvernements à leur profit.* Nous leur servons d'instruments depuis trop longtemps, et nous n'avons fait que nous appauvrir en les enrichissant à nos dépens.

Quand ils sont bourgeois, ils se font républicains pour nous flatter ; quand ils sont républicains, ils deviennent bourgeois et ventripotents, après nous avoir exploités et nous regardent de haut, comme des rois d'occasion.

Il faut qu'ils sachent, une fois pour toutes, qu'ils ont perdu notre confiance et notre estime.

Cessons de prêter l'oreille à leurs discours ; nous savons ce qu'il nous en a coûté de les croire. Ne soyons plus la proie de ces oiseaux de nuit ; qu'ils soient écrasés sous le poids de notre plus profond mépris.

Rallions-nous franchement, loyalement, sans arrière-pensée, autour de Celui qui peut seul ramener la confiance dans la Patrie, ranimer l'industrie, relever le commerce et le travail, restaurer enfin cette morale publique, qui nous manque depuis tant d'années, sans laquelle nulle société n'est possible ; à

Celui, en un mot, qui doit donner le plus formel démenti au vieux proverbe : *La vertu sans argent est un meuble inutile.*

Oui, rallions-nous autour du comte de Chambord et de ses grandes vertus. Il n'a pas de fortune à faire, étant Roi de naissance : donc il refera la nôtre, et tout ira bien.

Attendons avec patience et courage, le jour où, sans violer les lois, nous pourrons revendiquer nos droits, en affirmant notre choix.

Toutefois, ne nous endormons pas : il faut que ce jour nous trouve debout comme un seul homme, afin que notre voix puissante parvienne à dominer tous ceux qui crieraient, chacun de leur côté : *Voici notre République! Voici notre Empire? Voici notre Gouvernement constitutionnel!*

A cette heure, nous ne devrons avoir qu'un seul cri : *Voilà notre Roi!*

Étant le nombre, chers camarades, ayant la même volonté, il faudra bien qu'on nous écoute; et il dépendra ainsi de nous que notre avenir soit assuré et que la France soit sauvée.

Vous ne manquerez pas à votre devoir, j'en suis convaincu, et je vous en remercie par avance.

Vive la France!